柑橘提质增效生产丛书

TUSHUO QICHENG
YOUZHI GAOXIAO ZAIPEI JISHU

图说脐橙

优质高效栽培技术

赖晓桦 ◎ 主编

U0238857

中国农业出版社
北京

内容提要

　　本书作者根据多年栽培脐橙的生产实践，总结国内外脐橙栽培经验，理论与技术结合、文字与图解结合，系统介绍脐橙的主要栽培品种、园地建立、土肥水管理、整形与修剪、主要病虫害防治、果品的采收与简易贮藏保鲜等栽培技术。内容系统全面，表达通俗易懂，图文并茂，具有实用价值高、操作性强等特点，可供脐橙生产一线技术人员、果农、果园经营者阅读参考。

编 写 人 员

主　　编　赖晓桦

参　　编　李　航　习建龙

　　　　　谢金招　黄　捷

目　录

第一章　脐橙的主要栽培品种 …………………………………… 1

一、赣南早脐橙 ………………………………………………… 1

二、早红脐橙 …………………………………………………… 2

三、清家脐橙 …………………………………………………… 2

四、福本脐橙 …………………………………………………… 3

五、纽荷尔脐橙 ………………………………………………… 3

六、龙回红脐橙 ………………………………………………… 4

七、赣福脐橙（赣脐3号）……………………………………… 5

八、朋娜脐橙 …………………………………………………… 5

九、奈维林娜脐橙 ……………………………………………… 6

十、华盛顿脐橙 ………………………………………………… 7

十一、红肉脐橙 ………………………………………………… 7

十二、伦晚脐橙 ………………………………………………… 8

十三、凤晚脐橙 ………………………………………………… 9

十四、鲍威尔脐橙 ……………………………………………… 9

第二章　脐橙园的建立 …………………………………………… 10

一、地形地貌选择 ……………………………………………… 10

二、土壤选择 …………………………………………………… 12

三、不宜选择的区域 …………………………………………… 14

　　四、脐橙园的规划 ································· 15

　　五、丘陵山地脐橙园基本水土保持工程 ········ 16

　　六、生态防风林建设 ·························· 18

　　七、深翻熟化土壤 ··························· 20

　　八、栽培模式与栽植密度 ····················· 22

　　九、施定植基肥 ····························· 24

　　十、苗木种植 ······························· 25

　　十一、苗木种植后的管理 ····················· 27

第三章　脐橙园的土、肥、水管理 ················· 30

　　一、扩穴改土 ······························· 30

　　二、生草与套种 ····························· 32

　　三、中耕松土 ······························· 33

　　四、覆盖 ··································· 35

　　五、增施有机肥 ····························· 36

　　六、调节土壤pH ···························· 37

　　七、以产定量施肥 ··························· 38

　　八、施肥时期 ······························· 40

　　九、施肥方法 ······························· 41

　　十、硼缺乏及矫正 ··························· 43

　　十一、镁缺乏及矫正 ························· 44

　　十二、锌缺乏及矫正 ························· 45

　　十三、铁缺乏及矫正 ························· 46

　　十四、水分管理 ····························· 47

　　十五、花期管理 ····························· 48

第四章　整形与修剪 ··························· 51

　　一、修剪的基本方法 ························· 51

　　二、幼树整形 ······························· 54

　　三、成年结果树修剪 ························· 55

第五章　脐橙园主要病害及防治 ································ 58

　　一、柑橘黄龙病 ································ 58

　　二、柑橘溃疡病 ································ 61

　　三、柑橘树脂病 ································ 62

　　四、柑橘炭疽病 ································ 64

　　五、柑橘脚腐病 ································ 67

　　六、柑橘疮痂病 ································ 69

　　七、柑橘裂皮病 ································ 70

　　八、柑橘衰退病 ································ 71

　　九、柑橘碎叶病 ································ 73

第六章　脐橙园主要害虫及防治 ································ 75

　　一、柑橘木虱 ································ 75

　　二、柑橘小实蝇 ································ 77

　　三、柑橘红蜘蛛 ································ 78

　　四、柑橘锈壁虱 ································ 80

　　五、柑橘潜叶蛾 ································ 81

　　六、柑橘介壳虫 ································ 82

　　七、柑橘粉虱 ································ 84

　　八、柑橘卷叶蛾 ································ 86

　　九、柑橘花蕾蛆 ································ 87

　　十、柑橘蓟马 ································ 88

　　十一、柑橘吸果夜蛾 ································ 89

　　十二、橘实雷瘿蚊 ································ 91

　　十三、天牛 ································ 92

　　十四、蚜虫 ································ 95

　　十五、象甲 ································ 97

第七章　病虫害综合防治措施及关键时期 ············· 99
　一、防治措施 ·············· 99
　二、防治重点时期 ·············· 102

第八章　果实的采收与简易贮藏保鲜 ·············· 105
　一、果实成熟 ·············· 105
　二、采收前的准备 ·············· 106
　三、精细采收 ·············· 107
　四、库房准备 ·············· 108
　五、防腐保鲜 ·············· 109
　六、"发汗"预贮和单果套袋 ·············· 110
　七、果品入库 ·············· 112
　八、库房管理 ·············· 113

第九章　脐橙园冻害及防御 ·············· 114
　一、脐橙园冻害的类型 ·············· 114
　二、冻害防御应急措施 ·············· 115
　三、脐橙园冻害后的管理 ·············· 117

第一章
脐橙的主要栽培品种

一、赣南早脐橙

原产江西赣州，纽荷尔脐橙芽变培育而成。树势中庸，树姿较开张。叶浅绿色，主脉色浅易辨。果实近圆球形，果面稍粗糙。11月上、中旬成熟，肉质脆嫩化渣，汁多，风味酸甜适口（图1-1）。

图1-1 赣南早脐橙

二、早红脐橙

原产湖北秭归，罗伯逊脐橙芽变培育而成。树势中等，树姿较开张，节间短而密，少刺。果实近球形，中等大小，较易剥皮。10月中、下旬成熟，囊衣较薄，果肉质地细嫩化渣，少核，耐贮藏性中等（图1-2）。

图1-2　早红脐橙

三、清家脐橙

原产日本爱媛，华盛顿脐橙芽变培育而成。树体性状与朋娜相似，果实中等大小，圆球形，果梗部稍凹，果顶脐部较平，脐孔较小，脐黄、裂果较朋娜少。果面光滑，果皮深橙黄色，10月中、下旬成熟，肉质柔软多汁、脆嫩化渣，富香气（图1-3）。

图1-3　清家脐橙

四、福本脐橙

原产日本和歌山，华盛顿脐橙芽变培育而成。树势中等，树姿较开张，枝条较粗壮稀疏。叶片长椭圆形，大而肥厚。果实较大，短椭圆形或球形，果顶部浑圆，多闭脐，果梗部有明显的短放射状沟纹。果面光滑，深橙色，易剥皮。11月中、下旬成熟，肉质脆嫩多汁，风味酸甜适口，富香气（图1-4）。

图1-4 福本脐橙（淳长品 提供）

五、纽荷尔脐橙

原产美国加州，华盛顿脐橙芽变培育而成，为赣南主栽品种。生长势强，早结、丰产、稳产。果实较大，果面光滑，深橙红色。11月中、下旬成熟，肉质脆嫩化渣，汁多，风味浓甜（图1-5）。

图1-5　纽荷尔脐橙

六、龙回红脐橙

　　原产江西赣州，纽荷尔脐橙芽变培育而成。树势中庸，萌芽力弱，成枝力强，抽生长梢较多，树冠较开张。叶片大而肥厚，反卷明显，叶色深，叶脉稍凸出。丰产、稳产，果实大而整齐，果面深橙红色，11月上、中旬成熟（图1-6）。

图1-6　龙回红脐橙

七、赣福脐橙（赣脐3号）

原产江西赣州，纽荷尔脐橙芽变培育而成。叶片肥厚，富光泽，似喷施矿物油。果面橙红色，油胞细腻、光滑，极富光泽，似涂蜡。其他树性与纽荷尔脐橙相近，11月中、下旬成熟（图1-7）。

图1-7　赣福脐橙（赣脐3号）

八、朋娜脐橙

原产美国加州，华盛顿脐橙芽变培育而成。树势中庸，枝梢短而密，具小刺，多年生枝上有瘤状突起。叶片较小，卵圆形。早结、丰产、稳产，果实较大，圆球形。脐孔大，多开脐，易发生脐黄、裂果。果皮深橙色。11月中、下旬成熟，肉质较致密，脆嫩化渣，风味较浓，甜酸适口（图1-8）。

图1-8　朋娜脐橙

九、奈维林娜脐橙

原产西班牙，为当地甜橙芽变培育而成，地中海沿岸国家主栽品种。生长势强，枝梢粗壮开张，具小刺。叶片长卵圆形，叶色浓绿。果实长椭圆形，两端突出似柠檬。果皮光滑，深橙红色。11月中、下旬成熟，肉质细嫩化渣，风味浓甜多汁（图1-9）。

图1-9　奈维林娜脐橙

十、华盛顿脐橙

原产巴西，当地甜橙芽变培育而成，命名为巴黑脐橙，美国引种成功之后称为华盛顿脐橙。树势强，较开张，枝叶披散，无刺或刺不发达。叶较大，翼叶明显。果实近圆球形，果面光滑，深橙至橙红色。12月中、下旬成熟，肉质脆嫩多汁化渣。风味酸甜适口，富香气（图1-10）。

图1-10　华盛顿脐橙

十一、红肉脐橙

原产委内瑞拉，华盛顿脐橙特异芽变培育而成，各地均有一定栽培面积。树势健壮，果实稍小，近圆球形，果肉为番茄红色，均匀有光泽，赏心悦目，12月上、中旬成熟（图1-11）。

图1-11　红肉脐橙

十二、伦晚脐橙

原产澳洲，华盛顿脐橙芽变培育而成。树势健壮，丰产稳产。果实较大，圆球形，果面光滑。果实次年2～4月成熟，肉质脆嫩多汁化渣，风味浓甜（图1-12）。

图1-12　伦晚脐橙花、果同树结果性状

十三、凤晚脐橙

原产重庆奉节，奉节72-1脐橙芽变培育而成。树势强健，果实短椭圆形或圆球形，果皮较薄，橙黄色至橙色，油胞细密，较光滑，脐小多闭合。果实次年2～4月成熟，肉质细嫩，酸甜适度，味浓微香（图1-13）。

图1-13 凤晚脐橙

十四、鲍威尔脐橙

原产澳洲，华盛顿脐橙芽变培育而成。树势强健，树姿稍开张。果实短椭圆形或倒卵形，果顶有印环，次年2～4月成熟，具有冬季落果率低、耐低温寒害能力强等特性，但易枯水（图1-14）。

图1-14 鲍威尔脐橙

第二章
脐橙园的建立

一、地形地貌选择

平地、丘陵和山地等多种地貌类型都有成功栽培脐橙果树的典范，但经济栽培脐橙首选平地，其次为丘陵，山地最次（图2-1、图2-2）。

图2-1　平地和缓坡地脐橙园

图2-2 丘陵、山地脐橙园

在丘陵、山地建立脐橙园，考虑冻害的问题，应选择坐北朝南，西、北、东三面环山，南面开口，冷空气"难进易出"的地形建园（图2-3）。

图2-3 西、北、东三面环山，南面开口地形

避免在易产生冻害的低洼地建园（图2-4）。

图2-4 低洼地脐橙园冻害状况

二、土壤选择

脐橙对土壤的适应性较强，土壤条件也是唯一可以人为改变的自然生态条件，较好的土壤条件可节省建园成本和今后的管理成本。以土层深厚、疏松肥沃、有机质丰富、排水通气良好、保水保肥能力强的沙壤土为好，红、黄壤和紫色土以及冲积土等多种土壤都可种植（图2-5、图2-6、图2-7）。

图2-5　丘陵红壤
　　　脐橙园

图2-6　紫色土
　　　脐橙园

图2-7　冲积土脐
　　　橙园

三、不宜选择的区域

本着保护生态、合理开发利用及建设宜居环境的原则，不宜选择生态公益林区、江河源头区、饮用水水源区和水源涵养区、居民生活区周边及坡度在25°以上的陡坡区域建园（图2-8）。

生态公益林和风景旅游区

江河源头和饮用水源区

居民区周边

图2-8　不宜选择建园的区域

四、脐橙园的规划

平地和缓坡地（坡度在10°以内的），不修筑梯田，直接等高撩壕种植或顺坡种植（图2-9）。

图2-9　平地、缓坡地种植模式

坡度10°以上的丘陵山地，应坚持"山顶戴帽、山腰种果、山脚穿裙、脚底穿靴"的生态建园模式进行规划设计（图2-10、图2-11）。

图2-10 "山顶戴帽、山腰种果、山脚穿裙、脚底穿靴"的生态建园模式

图2-11 丘陵山地果园规划模式图

五、丘陵山地脐橙园基本水土保持工程

丘陵山地脐橙园应修筑横山排蓄水沟、梯台内壁竹节沟、山脚泥沙拦截沟和梯田埂、护坡种植水保草，构建基本的水土保持工程。

横山排蓄水沟：脐橙园最上层梯台或山腰公路内侧开挖一条横山排蓄水沟，以防止山洪直接冲刷园内梯台和公路，也可用于蓄水防旱。一般沟面宽1米，底宽0.8米，深0.8米左右。可不必挖通，每隔10米左右留一堤挡，比沟面低0.2米，排蓄两便（图2-12）。

图2-12　横山排蓄水沟

梯台内壁竹节沟：每条梯台内侧开挖一条内壁竹节沟，深0.2～0.3米，宽0.3～0.4米，每隔3～5米挖一深坑，起蓄水和沉积泥沙的作用（图2-13）。

图2-13　梯台内壁竹节沟

山脚泥沙拦截沟：在山脚环山公路的内侧挖山脚泥沙拦截沟，拦截从果园流落的泥沙不出果园。方法可参照横山排蓄水沟，规格可适当小些（图2-14）。

梯田埂和护坡种植水保草见图2-15。

图2-14　山脚泥沙拦截沟

图2-15　护坡种植水保草

六、生态防风林建设

丘陵山地脐橙园，通过山顶戴帽绿化、果园主干道种植高大和直立绿化树、支道种植防护篱等，营造适合丘陵山地的生态防护林系统，将脐橙园生态园林化（图2-16）。

山顶造林绿化——山顶戴帽

果园主干道、支道种植绿化树

果园防护篱马甲子

果园与果园之间或山脊风口种植防护篱
或隔离带

防风林建设模拟规划示意

图2-16　生态防风林的建设及模拟规划示意图

七、深翻熟化土壤

无论是平地、丘陵、山地和选择何种土壤类型新建立脐橙园，都必须坚持先改土后种植的原则。

开挖深、宽各1米或宽度更宽的栽植壕沟（图2-17、图2-18）。按每立方米30～50千克的标准，分3～4层压埋粗纤维含量高的杂草或绿肥，回填栽植壕沟（图2-19）。

图2-17　缓坡地壕沟式改土（彭良志　摄）

图2-18　丘陵山地壕沟式改土

图 2-19 分层压埋绿肥，回填栽植壕沟（彭良志 摄）

操作方法：沟底放一层草料，填一层土，撒上适量石灰后翻动一下，使土和草料尽量混匀。如此数次填满栽植穴或沟，最后培土成高出土面 0.2 ～ 0.3 米的垄（图 2-20）。

图 2-20 起垄栽培脐橙园

八、栽培模式与栽植密度

为方便修剪、抹芽、喷药、采果等农事操作和适应果园机械化的发展方向，栽培模式的总体趋势是"适当矮化、适度密植"。

平地和缓坡地行、株距采取（4.5 ~ 5）米 ×（1.5 ~ 2）米的"宽行窄株"模式建园，每亩*种植65 ~ 100株（图2-21）。

幼龄脐橙园

成年脐橙园

图2-21 "宽行窄株"种植模式

---

* 亩为非法定计量单位，1亩 = 667米^2，余同。——编者注

丘陵山地则采取"陡坡窄梯密植小树冠"栽培模式，株距1.5～2米，每亩种植60～75株（图2-22）。

图2-22 "陡坡窄梯密植小树冠"栽培模式（刘继红 提供）

平地则采取宽行窄株、起垄栽培模式（图2-23）。

图2-23 平地起垄栽培模式

九、施定植基肥

根据栽植规格测好定植点。在测定好的定植点开挖深0.3～0.4米、宽0.4～0.5米定植穴，每穴施入腐熟人、畜粪肥10～20千克（或饼肥3～5千克），磷肥1～2千克，与土充分拌匀填入穴内，然后做成高出土面0.2～0.3米、直径0.7米左右的定植堆，基肥堆沤3～4个月之后即可定植（图2-24、图2-25）。

测定植点、挖定植穴

施定植基肥

做定植堆

图2-24 脐橙园定植前准备

图2-25　定植前准备已完成的脐橙园

十、苗木种植

新开发基地全部种植无病毒容器苗（图2-26），控制危险性病虫害的传播、蔓延。容器育苗周年均可定植，在亚热带以春梢老熟后的3～4月和秋梢老熟后的10月最好。

图2-26　无病毒容器苗

容器苗定植比较简单，首先在定植堆正中扒开一个小穴，将去除容器的苗木置于中央，用肥土或营养土填于四周，轻轻踏实；然后覆松土做成直径1米左右树盘，覆盖干草等物，浇足定根水（图2-27、图2-28）。

图2-27　培土做树盘

图2-28　覆盖杂草

黄龙病疫区，为有效降低幼苗期感染黄龙病的风险，可采取假植大苗上山种植技术。即出圃的标准苗不直接上山种植，而是在网棚内再假植一年或一年半，培育成大苗再上山种植（图2-29、图2-30）。

图2-29　网棚假植培育大苗

图2-30　种植假植大苗

十一、苗木种植后的管理

　　浇水保湿：苗木定植后若遇连续阳光强烈、空气干燥的晴天，每周应浇水2～3次保湿(图2-31)。连雨天则应注意开沟排水，防止渍水而引起烂根死苗。

图2-31　浇水保湿

立杆扶御：苗木定植后，立即在苗木旁立一小竹竿，并用绳与苗木绑在一起，避免因风吹摇动、拉断根系而影响成活（图2-32）。

图2-32　立杆扶御

勤施薄肥：定植1周后，即开始施稀薄腐熟有机水肥，以后每隔10～15天一次。先稀后浓，但秋梢老熟后则应停止土壤施肥（图2-33）。

浇施水肥　　　　　　　　　　施肥枪灌施水肥

图2-33　施肥

浅耕除草：每次浇施水肥前，树盘应适时浅耕除草，以保持树盘土壤疏松，通透良好（图2-34）。

病虫防治：幼树一年多次抽梢，食料丰富，易遭受食叶性害虫（如凤蝶、金龟子、象鼻虫、潜叶蛾）和炭疽病等病虫害危害，应加强检查，及时防治。

图2-34　树盘浅耕除草、松土

第三章
脐橙园的土、肥、水管理

一、扩穴改土

疏松透气、有机质含量高、保水保肥能力强，始终维持脐橙果树根系健康生长的良好土壤环境，是脐橙高产、稳产、优质的根本。因此，脐橙园除建园时的深翻熟化土壤外，还应根据树冠的扩大、根系的伸展，有计划地进行全园扩穴改土。

扩穴改土宜在根系生长高峰期前进行，以第三次根系生长高峰来临前的9～10月最好。方法与建园时壕沟式深翻改土一样，在树冠一侧或两侧，沿种植壕沟或上一次扩穴沟的外缘向外，挖宽50～60厘米、深40～60厘米的扩穴沟（图3-1），分2～3层压埋杂草、作物秸秆、绿肥等（图3-2），如此数年将全园土壤深翻一遍。

扩穴沟要与建园时改土的壕沟或上一次扩穴沟位置相衔接，中间不能留有"隔墙"（图3-3）。

图3-1 开挖扩穴沟　　　　　图3-2 压埋杂草或绿肥

图3-3 深挖扩穴沟

二、生草与套种

脐橙园生草或套种，可以改良土壤团粒结构，持续提高土壤有机质及肥力；防止和减少水土流失，保肥、保水、抗旱；调节地温，促进脐橙果树维持正常的生理活动；提高脐橙园生物防治能力，减轻病虫危害和减少农药使用；是脐橙园绿色生产简单、实用、经济的土壤管理措施。

生草或套种：在树盘（树冠滴水线）外自然蓄留良性杂草，或人工种植适应性强、鲜草量大、矮秆、浅根性草种，或在行间套种花生、大豆、紫云英等豆科类作物（图3-4、图3-5）。

自然蓄留杂草

人工种植良性杂草（白喜草）

套种花生

套种大豆

图3-4 生草和套种

图3-5 生草栽培

　　套种或生草栽培脐橙园，果实成熟前1个月刈草，以增强地面反射光，改善树冠中、下部的光照条件，促进果实着色。采果后结合深施有机肥将枯草开沟深埋（图3-6）。

图3-6 成熟前刈草

三、中耕松土

　　脐橙园中耕松土可以明显改善土壤表层的通气状况，促进土壤微生物活动，加速土壤营养物质的分解转化，提高土壤有效养分含量，促进根系的生长发育。通过中耕，切断土壤毛细管，减少土壤水分蒸发损失，保墒抗旱；疏松的表土层能更多地接纳自然降雨向土壤深层渗透，增加土壤含水量，防旱抗灾。

亚热带产区脐橙园的中耕松土主要有两个时期：一是6月中、下旬雨季结束前的树盘浅耕，配合树盘覆盖，保墒抗旱（图3-7）；二是果实采收后结合冬季清园而进行的全园中耕（图3-8），不仅能够疏松土壤，还能清除病虫的越冬场所，减少越冬基数。中耕的深度一般以10～15厘米为宜，愈近树冠中耕愈浅，避免因伤根太多导致生长势削弱，影响产量。

图3-7　中耕、除草、覆盖

图3-8　全园中耕

四、覆盖

土壤覆盖可局部调控土壤温、湿度条件，保持土壤表层疏松透气，减少地表径流和抑制杂草生长。也有利于土壤微生物活动和增加土壤有机质，较好地促进脐橙果树的生长发育。

脐橙园覆盖主要有全园覆盖和树盘覆盖两种方式，以树盘覆盖较为常见。即只对树干外10厘米至滴水线外30厘米的范围进行覆盖（图3-9）。

覆盖杂草　　　　　　　　　　　　覆盖防草布

图3-9　树盘覆盖

根据季节的不同还有长年覆盖和季节性覆盖的区分。长年覆盖多用于种植第一年幼树，即种植后的幼树，树盘长年覆盖。成年脐橙园多以保墒、抗旱、降温为主的夏季树盘覆盖较为常见。

以促进着色和增糖为目的，树冠下铺设控水、反光的覆盖材料，在果实成熟季节多湿、寡日照产区正在逐步推广（图3-10）。

图3-10　覆盖控水提糖

覆盖材料多以杂草、作物秸秆、绿肥等生物材料为多，地膜、无纺布等也逐步被采用。

五、增施有机肥

大部分产区都是利用荒山荒坡种植脐橙，土壤条件相对较差。虽然建园时进行过土壤改良，但有机质缺乏、结构差、有效养分含量低的矛盾还是非常突出。

开沟深施有机肥，可以疏松土壤，改善土壤的通透性；增加土壤有机质，提高土壤有效养分含量；截断部分根系，对根系起到了更新复壮的作用（图3-11）。此外，增施有机肥是稳定果实品质的一项重要措施。常见的植物源有机肥，如花生饼、菜籽饼、豆饼等，应经堆沤、腐熟和无害化处理后施用（图3-12）。

图3-11　有机肥开沟深施

图3-12　有机肥堆沤腐熟和无害化处理

六、调节土壤pH

土壤酸碱度能改变土壤理化性状，直接影响土壤微生物活动和肥料分解及营养元素的吸收利用。脐橙果树适宜pH 5.5 ～ 6.5的微酸性土壤。

丘陵红、黄壤等酸性土壤，最经济又简单的pH调节方法是增施石灰，也可通过施用钙镁磷肥、氧化镁、白云石粉等碱性肥料来调节。石灰的用量应根据土壤pH和石灰种类而定，若每年只施用1次，土壤pH＜4.5时，施用生石灰1.5千克/株；pH 4.5 ～ 5.0时，施用1.0 ～ 1.5千克/株；pH 5.0 ～ 5.5时，施用0.5 ～ 1.0千克/株；pH升至5.5时停止施用石灰。若施用石灰石粉，用量为生石灰的1.5 ～ 2.0倍。

施用时期和方法：每年结合冬季基肥施用、冬季清园时全园撒施（图3-13）。

建园前全园撒施石灰

冬季全园中耕后撒施石灰

结合冬季施肥撒施石灰

图3-13　脐橙园撒施石灰调节pH

七、以产定量施肥

脐橙园可以根据历年平均产量或当年预计产量，推算出全年氮、磷、钾素营养的施用量，合理安排施肥。参照国内、外脐橙生产实践的通常标准，针对国内土壤改良、肥料质量和施肥技术现状，成年结果树可按照每100千克果实全年施氮素0.6～0.8千克、氮：磷：钾=1：（0.5～0.7）：（0.8～1）的标准施肥。

范例1：单株产量50千克的脐橙树全年施肥量

菜籽枯5千克：氮0.23千克、磷0.125千克、钾0.07千克

复合肥（18：9：18）0.5千克：氮0.09千克、磷0.045千克、钾0.09千克

硫酸钾0.3千克：钾0.15千克

合计：氮0.32千克、磷0.17千克、钾0.31千克

N：P：K=1：0.5：1

范例2：单株产量50千克的脐橙树全年施肥量

菜籽枯5千克：氮0.23千克、磷0.125千克、钾0.07千克

尿素0.25千克：氮0.115千克

钙镁磷0.5千克：磷0.075千克

硫酸钾0.5千克：钾0.25千克

合计：施氮0.35千克、磷0.2千克、钾0.32千克

N：P：K=1：0.6：0.9

范例3：单株产量50千克的脐橙树全年施肥量

生物有机肥10千克：氮0.2千克、磷0.2千克、钾0.1千克

复合肥（18：9：18）1.5千克：氮0.27千克、磷0.135千克、钾0.27千克

合计：施氮0.47千克、磷0.335千克、钾0.37千克

N：P：K=1：0.7：0.8

八、施肥时期

不同年龄时期的脐橙果树，其营养需求不同，不同的生长季节对养分的吸收也有很大差异。因此，应根据脐橙果树的需肥特点，准确合理地安排脐橙园的施肥。

定植第一年的幼树，以保成活、促生长、增加叶面积为主要目的，但因幼树根系不发达，吸收能力有限，施肥时间的安排多采用少量多次。从定植一周后开始，至8月底，每隔10～15天浇施一次稀薄水肥，秋冬季节适当重施一次基肥。

结果前幼树以促发健壮的枝梢、迅速扩大树冠和构建树体骨架为目的，枝梢抽生期为施肥的重点时期，一次梢两次肥。即萌芽前根际追施一次速效肥，促梢；叶片转绿时进行1～2次叶面追肥，壮梢。

成年结果树施肥的主要时期为春芽肥、稳果肥、壮果肥和采果肥（表3-1）。

表3-1　施肥时期

施肥时期	物候期	肥料种类	备 注
春肥（萌芽肥）	春梢抽生期	以氮、磷肥为主	春梢萌芽抽生5厘米长以后施
稳果肥（花前花后肥）	春梢叶片转色至谢花期	以氮肥为主，适当配合磷钾镁肥	看树施。春梢叶片正常转色，新、老叶叶色浓绿，可不施
壮果肥	果实膨大期	氮磷钾配合施用，适当增施钾肥	提前到农历端午节前后施。幼龄结果树结合施肥统一抽放一次晚夏梢
采果肥（基肥）	相对休眠期	以有机肥为主，适当配比速效化肥	采果后开沟深施

九、施肥方法

脐橙园施肥的方法，主要有根际施肥和叶面追肥两种。树体生长和开花结果所需的养分，绝大多数是依靠根系吸收，所以根际施肥是主要的施肥方法，叶面追肥只是一种补充。

根际施肥：传统的根际施肥方法有树盘撒施、开沟深施和灌溉施肥等，生产上大多数脐橙园通常是速效肥料树盘撒施或灌溉浇施，有机肥开沟深施。

撒施：将所需施用的肥料（速效肥）均匀撒施在树冠滴水线以内。采用撒施时树盘杂草应处理的比较干净，土壤表层比较疏松，最好是先进行浅耕松土、除草。肥料应撒匀，不能成团、起堆。施肥时机应把握在小到中雨前或雨后（不能在中到大雨前），也可在撒施后树盘淋水或树下微喷。树盘撒施操作简便，省工省时，但容易造成肥料流失和挥发损失（图3-14）。

图3-14　树盘均匀撒施

沟施：沿树冠滴水线开浅沟（冬季基肥开深沟），将所需的的肥料与土壤充分混匀后施入沟内。肥料直接施在根系分布区，且掩埋覆盖，可减少肥料流失和挥发损失，但花工花时多，劳动强度也较大（图3-15）。

条状沟施肥

环状沟施肥

图3-15　肥料沟施

　　浇施：将所需施用的肥料（速效化肥、冲施肥），按照一定比例溶于水，浇施于树盘根系分布区。水与肥同步，更能发挥肥效，常见于抗旱与追肥相结合的果园追肥，尤其是果园已安装节水灌溉或水肥一体化设施的，是省工、省力、见效快的技术措施（图3-16）。

兑水浇施

施肥枪灌施

利用水肥一体化设施渗灌

图3-16　肥料浇施

　　叶面施肥：常用于微量元素缺乏矫正和生长调节剂的使用上（图3-17）。

图3-17　叶面施肥

十、硼缺乏及矫正

　　脐橙树体中硼的适宜含量为叶片含硼量30～100毫克/千克，15～25毫克/千克为轻微到中度缺乏，3～15毫克/千克为严重缺乏。因成土母质的关系，南方丘陵柑橘产区硼缺乏比较普遍。

　　硼缺乏时，枝梢节间开裂、流胶，出现不规则的部分枯死。幼叶畸形，向后弯曲，有半透明的水渍状黄色小斑。老叶叶脉肿大，严重的主、侧脉破裂木栓化，叶片向后翻卷。幼果初期果皮有乳白色凸起小斑，严重时出现下陷的黑色斑疤，甚至全果变黑、流胶，易脱落。成熟果实多畸形，果皮厚而硬，表面粗糙而呈瘤状凸起，汁少肉干燥，俗称"石头果"，中心柱和白皮层出现棕色胶状物（图3-18）。

图3-18　硼缺乏叶片表现症状

花期、幼果期叶面喷施0.1%～0.2%硼砂溶液，不但能促进坐果，对硼缺乏症状也有一定的矫正效应。严重缺乏时，可在秋冬或春夏每株撒施硼砂30～50克。

十一、镁缺乏及矫正

脐橙树体中镁的适量含量为叶片含镁占干物质的0.3%～0.5%，低于0.2%时，叶绿素不能正常形成，光合作用受阻，碳水化合物含量下降，也影响脂肪、蛋白质的合成。缺镁严重时，叶片从边缘向内退绿，在叶基部留下一个绿色"Λ"形绿斑。柑橘类果树果实发育期吸收镁较多，因而镁缺乏症多发生于结果树。树体中镁的移动性较强，因而镁缺乏症状常出现在老叶，尤其是接近果实的成熟叶片（图3-19）。

生产上常采用叶面喷施镁肥加以矫正，如春梢叶片转绿期喷1%的硝酸镁；或结合冬季基肥，每株施1.5～2.5千克氧化镁，2～3年补充一次。

图3-19　镁缺乏叶片表现症状

十二、锌缺乏及矫正

脐橙树体中锌的适量含量为叶片含锌量25～50毫克/千克，18～24毫克/千克偏低，18毫克/千克以下即感缺乏。缺锌时枝梢生长受阻，节间显著变短，叶片窄而小，直立丛生。叶肉退绿形成黄绿相间的花叶，严重时整片叶呈淡黄色，甚至白化，树冠呈直立矮丛状（图3-20）。花岗岩、片麻岩等母质形成的土壤锌含量低，建脐橙园后容易发生缺锌。缺锌多表现在秋梢，可能与干旱影响了锌的吸收有关。生产上多采用树冠喷施0.1%～0.2%硫酸锌溶液加以矫正。

图3-20　锌缺乏叶片表现症状

十三、铁缺乏及矫正

　　脐橙树体中铁的适宜含量为叶片含铁量50～120毫克/千克，低于35毫克/千克即感缺乏。缺铁最初叶片变小，以后叶肉退绿，叶脉深绿色，出现网状的叶脉网。严重时整个叶片呈乳黄色，仅中脉淡绿色，易脱落。受害严重的枝梢，所结果小甚至完全不结果。严重缺乏时全树发黄，枝枯叶落，结果很少或不结果，直至全树死亡（图3-21）。铁在树体内移动性极小，一旦被根系吸收运入某一器官后即被固定，再分配受到极大限制，因而缺铁时新梢叶片最先表现症状。

图3-21　铁缺乏叶片表现症状

pH较高的土壤普遍发生，如石灰性紫色土。过量施用锌、锰、铜等对铁的吸收有抑制作用，磷肥、钾肥施用过多亦可能引起缺铁。枳的吸铁能力较差，酸橙较强。叶面喷施0.1%～0.2%的硫酸亚铁溶液有一定的矫正效果；紫色土已种植枳砧脐橙苗的，可靠接红橘、资阳香橙等。

十四、水分管理

脐橙园的水分管理围绕"灌"和"排"进行。灌溉务必及时，否则起不到应有的作用，反而增加了管理成本。若全园安装节水灌溉设施（滴灌或微喷）（图3-22），干旱季节（伏旱、秋旱）可以以10天为一周期，如果本周期内没有中到大雨（10毫米以上自然降雨），且天气预报1～2天内也没有明显的降雨，就必须进行一次充分灌溉，滴3～5小时（每株树2个滴头，大约24～40千克水），均衡供应脐橙生长发育所需的水分。

图3-22 脐橙园树冠下微喷灌

没有节水灌溉系统，而且水源较紧缺的脐橙园，干旱季节可沿树冠滴水线挖3～4个直径30厘米、深40厘米左右的深坑，坑内填放一些杂草，每次浇水时将水灌注到坑内，既可以节约用水，又可迅速提高灌水效率（图3-23）。

图3-23　穴状非充分浇灌

　　排水也要及时，特别是低洼园地，因积水而使根系长时间处于缺氧呼吸状态，在土壤板结、透气性差条件下产生诸多有害物质，造成烂根和诱发根腐病。

十五、花期管理

　　脐橙果树花的管理是维持连年丰产的一项重要技术措施，重点应围绕促花、疏花、保花保果等内容进行。

　　促花：脐橙果树花芽分化良好，多形成健壮花，在保持树势健壮的基础上，可采取一些特殊措施促进花芽分化，尤其是在花芽分化时期遇上特殊天气则更起作用，如秋冬季雨水较多、寡日照或树势过旺。

　　在花芽生理分化期，即秋梢老熟后的10月份，树冠滴水线以内铺设薄膜，对脐橙果树造成适度干旱、控水，有利于花芽分化（图3-24）。

图3-24　覆膜控水促花

　　树势过旺的可沿树冠滴水线开沟断根，减少根系对水分的吸收,待树冠叶片出现轻度卷曲后，再压埋有机肥回填，也可达到控水促花的目的（图3-25）。

　　此外，还可以采取环割、环剥、环扎等措施促花（图3-26、图3-27）。

图3-25　断根促花　　　　　图3-26　主干环剥　　　　　图3-27　主干环割

图3-28 回缩衰退枝组疏花

疏花：结合冬季修剪，回缩衰退枝组，大量疏除长度在5厘米以下的弱枝，是最直接、最有效的疏花措施（图3-28）。

摇花：谢花后轻摇树冠，摇落附着在幼果上的花瓣，防止花瓣干枯后伤害幼果

和花瓣霉烂诱发幼果病害，这是脐橙果树花期遇到梅雨天气时的一项重要花果管理措施（图3-29）。

未摇花

已摇花

图3-29 摇花与未摇花处理对比

第四章
整形与修剪

一、修剪的基本方法

脐橙果树修剪的基本方法有短截、疏剪、回缩、抹芽放梢、摘心、缓放、环割、撑枝、拉枝等。

短截：将枝梢剪去一部分的修剪方法。目的是刺激剪口下的芽萌发，抽生健壮的新梢使树体生长健壮（图4-1）。

图4-1　短截

疏剪：将枝条从分枝基部剪除的修剪方法。疏剪可改善树体和树冠局部通风透光条件，促进花芽分化和提升果实品质（图4-2）。

图4-2　疏剪

回缩：将多年生枝组剪去衰退部分的修剪方法。类似短截和疏剪，不同的是剪口处一般要保留一支较强枝梢（图4-3）。

图4-3　回缩

抹芽：将刚抽生的新芽从基部抹除，是促进新梢抽生整齐、分布均衡的一项措施（图4-4）。

图4-4　抹芽

摘心：当新梢生长到一定长度、未木质化之前用手摘去新梢顶部（图4-5）。

拉枝：采用绑、拉、扶、撑等手段，调整枝、梢生长方向和分枝角度，平衡树体结构的一种方法（图4-6）。

图4-5　摘心　　　图4-6　拉枝调整枝梢生长方向和分枝角度

二、幼树整形

抹除萌蘖

幼龄树以迅速培养树冠骨架、扩大树冠、快速增加叶面积为目的，定植后的前三年免修剪，但需要做如下处理（图4-7）。

一是及时抹除第一分枝以下主干上的萌芽，保持主干高度30～40厘米，树冠其他部位不再进行短截、抹芽、摘心等修剪，任其自然生长。二是适当采用拉枝等方式调整枝梢生长方向和分枝角度。

拉　枝

定　干

图4-7　幼树整形措施

三、成年结果树修剪

成年结果树采用"掐头、去尾、疏中间"的三步修剪法进行修剪。

第一步，掐头、锯顶、开天窗。即从基部锯除树冠顶部直立遮阴枝组，改善树冠中、上部通风透光条件。让阳光导入树冠内膛，刺激树冠中、下部骨干枝隐芽萌发成枝，开花结果，恢复树冠立体结果能力（图4-8）。

修剪前

修剪后

图4-8　掐头

第二步，去"尾"。剪去环绕树冠离地面30～50厘米范围内的下垂枝，抬高树冠，改善树冠中、下部通风透光条件（图4-9）。

结果后衰退下垂枝组

（修剪前）

剪下垂枝，抬高树冠

（修剪后）

图4-9　去"尾"

第三步，"疏中间"。回缩结果枝组和衰退枝组，造就凹凸起伏、层次感突出的树冠外形结构，改善树冠内、外的通风透光条件，增大有效光合面积和有效容积，提高单株产量（图4-10）。

今年可能结果枝组　　　　　　　　　今年可能结果枝组

已结果的衰退枝组　　　　　　　　　已结果的衰退枝组

回缩结果枝组和衰退枝组

修剪后

图4-10 "疏中间"

　　修剪时期：成年结果树以冬、春修剪为主。没有冻害威胁的年份，采果后即可开始修剪。有冻害威胁的年份，或经常易受冻的地块，应在冻害威胁解除之后进行。

第五章
脐橙园主要病害及防治

一、柑橘黄龙病

细菌性病害，国内外植物检疫对象。

【病害症状】病树叶片有黄绿相间的斑驳黄化、褪绿均匀黄化和缺素型黄化3种症状。枝梢有的不能转绿呈黄梢，有的呈花叶状，短、弱、脆，新叶小。坐果率低，果小、畸形、味酸，着色不匀，不同的品种表现为"红鼻子"果或软果、青果、花皮果。斑驳黄化是田间诊断黄龙病的最典型症状（图5-1）。

脐橙叶片斑驳型黄化症状   甜柚叶片斑驳型黄化症状

黄梢型黄化症状

缺素型黄化症状

宽皮柑橘红鼻果症状

甜橙小青果、软果症状

甜柚畸形果症状1

甜柚畸形果症状2

感染黄龙病的脐橙果树

病毁的脐橙果园

图5-1 柑橘黄龙病症状

【发生规律】远距离通过带病种苗、接穗、砧木传播，近距离由携带病菌的柑橘木虱传播，发病程度与田间病树量和柑橘木虱虫口密度紧密相关。

【防治措施】①严格执行检疫措施，严禁病苗、病穗调运，种植无病苗木。②常态化病树普查，发现病树及时砍除。砍病树之前先喷药杀木虱，砍除之后"一锯、二划、三涂、四包、五覆土"规范处理病树树蔸（图5-2），防止树蔸萌发新芽。③彻底防除木虱（见柑橘木虱防治）。

留蔸1～2寸横切锯除树冠

锯口横截面划"十"字并涂草甘膦

黑薄膜包扎树蔸

覆土掩埋树蔸

图5-2　柑橘黄龙病的规范处理（一锯、二划、三涂、四包、五覆土）

二、柑橘溃疡病

细菌性病害，国内外植物检疫对象。

【病害症状】叶片受害初期，叶背出现黄色或暗绿色针头大小的油渍状斑点，后逐渐扩大，并在叶片正反面隆起，病斑中央似火山口状破裂，呈木栓化。病斑多为近圆形、灰褐色，周围有黄色晕环，在紧靠晕环处常有褐色的釉光边缘。果实和枝梢上的病斑与叶片上的相似，但木栓化程度更严重，开裂更明显，病斑周围有油腻状外圈，但无黄色晕环。果实病斑仅限于果皮，不发展到果肉。见图5-3。

图5-3　柑橘溃疡病发病症状

【发生规律】病菌在病斑内越冬，温、湿度适宜时，细菌遇水从病斑中溢出，借风雨、昆虫、人畜和枝叶接触传播，由气孔、皮孔和伤口侵入。一般只侵染幼嫩组织，老熟叶片、果实不易感染，但如果有创伤，可能从伤口侵入而感染发病。每次新梢抽生后都有一次发病高峰，夏、秋梢发病重。食叶性害虫危害和暴风雨、台风造成大量伤口有利于病菌侵染，加重病害发生。果实4月下旬至5月上旬开始发病，5月下旬病情发展较快，6月中旬至7月上旬为发病高峰期，10月以后病情基本稳定。病菌远距离通过带病苗木、接穗、果实传播。

【防治措施】严禁从疫区调运带病种苗和果实。结合冬季清园，彻底剪除病枝、病叶，并集中烧毁。加强栽培管理，培养健壮树势，促进枝梢萌发、抽生整齐。合理修剪，使树体通风透光。加强潜叶蛾等食叶性害虫的防治，减少伤口。新梢自剪、谢花7～10天后开始，连续喷药2～3次保护新梢和幼果。常用药剂有噻唑锌、叶枯唑、春雷霉素、金核霉素、波尔多液、噻菌铜等。

三、柑橘树脂病

真菌性病害，又称流胶病、砂皮病、黑点病、蒂腐病。

【病害症状】危害枝干后，引起皮层坏死。初期呈灰褐色或深褐色油渍状病斑，有流胶或流胶不明显，病部木质部为浅灰褐色，病健交界处明显隆起成褐色痕带。病部皮层和外露的木质部上散生无数小黑粒点。病菌侵害嫩叶、嫩梢和未成熟果实，在病部表面产生许多散生或密集成片的黄褐色至黑褐色的硬胶质小粒点，表面粗糙，略为隆起，很像黏附着的许多细沙。成熟果实受害，一般在果实采摘后，贮运过程中发生较多。见图5-4。

【发生规律】以菌丝体和分生孢子器在树干病部及枯枝上越

冬。越冬分生孢子器产生分生孢子随风雨和昆虫等传播，温度23～28℃、高湿或有水膜的情况下非常容易侵染。病菌是弱寄生菌，树势衰弱或受伤的情况下才易侵入危害，遭受冻害、过度修剪、枝干裸露、夏季灼伤等易引起树脂病的流行。鲜果贮运期间，

图5-4　柑橘树脂病危害症状

高温、多湿促使附在果皮（特别是果蒂）上的病菌孢子萌发，引起蒂腐病。

【防治措施】加强栽培管理，增强树势。合理整形修剪，造就通风透光的果园环境和树冠结构。预防枝干外露和夏季灼伤，有冻害区域应采取切实可行的防冻措施。抓住冬季清园、谢花2/3、4～5月幼果期和9月果实膨大期进行树冠喷药。常用药剂有波尔多液、退菌特、大生M-45+机油乳剂、代森锰锌+氟唑硅等。枝干树脂病、流胶病应及时刮除病组织，伤口涂抹波尔多液浆或凡士林与甲基硫菌灵、多菌灵调和剂。

四、柑橘炭疽病

真菌性病害。

【病害症状】

叶片症状：有慢性型和急性型两种。慢性型多发生在老叶上，从叶缘或叶尖开始发病，病斑初为黄褐色，后期灰白色，边缘褐色或深褐色，病健分界明显。在天气潮湿时，病斑上出现朱红色黏性液点。干燥条件下，病斑上有散生或轮纹排列的黑色小粒点。急性型炭疽病多发生在嫩梢、嫩叶上，病斑初为萎蔫状，呈暗绿色，像被开水烫过，后变为淡黄色或黄褐色。叶片很快脱落，有朱红色小粒点。

枝梢症状：多从叶柄基部的腋芽处开始，病斑初为淡褐色，椭圆形，后扩大为梭形，灰白色，有黑色小粒点，病部环绕枝梢一周后，自上而下枯死。

花、果症状：开花后雌蕊褐色腐烂而脱落。幼果初期为暗绿色不规则病斑，病部凹陷，有白色霉状物或朱红色小液点，后扩大至全果变黑。大果果腰部受害，呈圆形或近圆形黄褐色革质病斑——"干疤型"；有的果面有一条条如泪痕一样的红褐色小凸点病斑——"泪痕型"；贮运期间果蒂处开始呈褐色腐烂——"软腐型"。见图5-5。

慢性型症状

急性型症状

被害枝梢症状

被害果柄症状

危害果脐症状　　　　　　危害果腰"干疤"型症状

图5-5　柑橘炭疽病

【发生规律】以菌丝体和分生孢子在病部组织内越冬，通过气流、雨水和昆虫传播，再从气孔、皮孔、伤口或直接穿透表皮侵入。发生严重冻害、早春低温潮湿、夏秋季高温多雨、根系损伤、偏施氮肥或树体衰弱等均有利该病害发生。慢性炭疽病一般长年零星发生，但不造成严重危害。急性炭疽病在嫩梢期发病多，尤以夏梢发病较重。果实炭疽病以谢花后的幼果期发病重。

【防治措施】加强肥水管理，增强树势，提高树体抗病能力。结合冬季清园和修剪，剪除病枝、病叶，集中烧毁，消灭越冬病原。重点关注嫩梢、幼果和果实膨大等最易发病时期，在发病初期喷药防治。常用药剂有波尔多液、石硫合剂、甲基硫菌灵、代森锰锌、苯醚甲环唑、醚菌酯等。

五、柑橘脚腐病

真菌性病害。

【病害症状】主要在主干的根颈部发病，多从嫁接口附近开始，初期病部树皮呈不规则水渍状，腐烂后散发出酒糟气味，褐色，常渗出胶液。温暖潮湿时，病斑不断向纵横扩展。向下可延至主根、侧根，向上可延离至地面30厘米左右主干、主枝，横向可围绕主干一圈，最终导致植株死亡。气候干燥时，病斑干枯开裂。病树叶片初期主脉、侧脉黄化，后全叶转黄，引起落叶、枯枝。病树落叶严重，来年开花多，无叶花多，结果少。见图5-6。

根颈部发病症状

叶部受害症状　　　　　　　　受害植株

病树无叶花多　　　　　　　　　　　　病树落叶严重

图5-6　柑橘脚腐病危害症状

【发生规律】以菌丝体在病部，或菌丝体、卵孢子随病残体在土壤中越冬。游动孢子随水流或土壤传播，从根颈部伤口和自然孔口侵入。高温多雨、土质黏重、排水不良、主干基部受伤、栽植过深、树冠中下部通风透光不良等有利于脚腐病发生。田间4月开始发病，5～9月是发病高峰期。病害发生随树龄增长而加重，10年生以上结果过多的成年树、衰弱树及老树发病重。枳、酸橙、枳橙、枳柚、枸头橙和柚类抗病性较强，甜橙、椪柑、金橘、柠檬较易感病。

【防治措施】定植时，嫁接口应露出土面。果园合理密植和修剪，保持果园、树冠通风透光。注意开沟排水和及时清除树盘根茎部周边杂草，保持主干周围干爽环境。防治天牛、爆皮虫等蛀干性害虫危害，防止田间劳作时伤害根茎部。已发病病树可将根颈部土壤扒开，刮除腐烂的病部和已变色的木质部，然后涂药保护，伤口愈合后，再覆盖新土。对发病较轻的树主干茎部靠接2～3株枳壳，更换砧木。常用防治药剂有波尔多液浆、硫酸铜、瑞毒霉、甲基硫菌灵、甲霜灵等。

六、柑橘疮痂病

真菌性病害。

【病害症状】叶片受害初期为油渍状黄色小点，随后病斑逐渐扩大，呈蜡黄色。后期病斑木栓化，多数向叶背面突出，叶面则凹陷，形似漏斗。严重时叶片畸形，易脱落。嫩枝被害后枝梢节间缩短，严重时呈弯曲状，但病斑突起不明显。幼果受害开始出现褐色小点，后逐渐变为黄褐色木栓化突起，易脱落，不脱落果小、皮厚、畸形。见图5-7。

图5-7 柑橘疮痂病危害症状

【发生规律】病菌以菌丝体在病枝、病叶上越冬，春季温度上升到15℃以上时，产生分生孢子，借风雨或昆虫传到嫩梢、嫩叶、花及幼果上危害。病菌侵入组织约10天即可产生分生孢子进行再侵染，20～21℃是病菌最适宜的生长温度。危害幼嫩组织，尚未展开的嫩叶、刚谢花后的幼果最易感病，枝梢木栓化、叶片革质化后不再感染。

【防治措施】冬季和早春结合修剪，剪除病枝病叶，集中烧毁。抓住早春萌芽前、春芽萌发1粒米长至1/4叶片展开、谢花2/3等关键时期，喷药保护嫩梢、嫩叶和幼果。常用药剂有波尔多液、代森锰锌、丙森锌、苯醚甲环唑、咪鲜胺、戊唑醇、百菌清、甲基硫菌灵等。

七、柑橘裂皮病

类病毒性病害。

【病害症状】引起砧木树皮纵向开裂，初期裂纹较浅而稀，后

开裂加深，渐密，直至整个砧木树皮纵裂，严重时树皮外翘、剥落。开裂仅限于砧木部位，砧穗分界明显，结合处常有一横向开裂圈。病树明显矮化，新梢少而弱，叶片变小，有时叶脉及其附近绿色而叶肉变黄，类似缺锌症状。花多，但落花、落果严重，秋冬出现严重落叶和枯枝。见图5-8。

裂皮病危害砧木症状（鳞片状树皮）

裂皮病危害砧木症状（鳞片状树皮）　　　　受害植株

图5-8　柑橘裂皮病危害症状

【发生规律】除苗木和接穗的调运传播外，汁液摩擦、病源污染的工具均可传播。病菌侵染后，有较长的潜伏期（潜伏期内不表现症状），一旦症状表现后，树势衰退迅速，产量锐减。带病苗木在苗期无病状表现，定植2～8年后开始发病。主要危害以枳、枳橙和兰普来檬作砧木的柑橘。

【防治措施】培育和种植无病苗木。选用抗病砧木繁育种苗，对已发病的植株可靠接抗病砧木。清除病树，防止扩散蔓延。用漂白粉溶液、次氯酸钠对使用的刀、剪等工具进行消毒，避免交叉感染。

八、柑橘衰退病

病毒病害。

【病害症状】

速衰型：主要危害以酸橙作砧木的甜橙、宽皮柑橘和葡萄柚，被害植株快速死亡。

苗黄型：主要危害酸橙、尤力克柠檬和葡萄柚实生苗植株，可造成植株严重矮缩和黄化。

茎陷点型：主要发生于来檬、大部分柚类（如琯溪蜜柚、葡萄柚）和某些甜橙品种。病树植株矮化，落花落果严重，果实小。叶片（春梢）扭曲畸形，枝条脆，极易折断。剥开树皮可见木质部表面有黄褐色凹陷点和凹陷条。见图5-9。

骨干枝茎陷点症状

叶片扭曲畸形症状

正常树与衰退病树比较（同为2017年3月定植，病树树势衰弱、落花落果严重）

图5-9　柑橘衰退病危害症状

【发生规律】该病主要通过带毒种苗、繁殖材料和蚜虫传播。不同柑橘品种，对该病的敏感程度存在较大差异，枳抗病性较强，粗柠檬、宽皮柑橘、枳橙较耐病，脐橙、夏橙、多数柚类较敏感。

【防治措施】使用枳、酸橘、枳橙、红橘等耐、抗病砧木。种植无病毒良种苗木。注意柑橘蚜虫的防治。

九、柑橘碎叶病

病毒病。

【病害症状】病树嫁接口处环缢,接穗部肿大,叶脉黄化(类似环状剥皮引起的黄化),植株矮化。剥去嫁接口处皮层,可见接穗与砧木的木质部间有一圈褐色的缢缩线。受强风等外力推动,病树砧穗嫁接口处极易断裂,且裂面平滑。见图5-10。

接穗部受害症状　　　　　　　　主干受害症状

健康　　　　　　　碎叶病

叶片受害症状

图5-10　柑橘碎叶病危害症状

【发生规律】通过带毒苗木、嫁接和污染的枝剪、嫁接刀等工具传播。以枳、枳橙为砧木的柑橘比较敏感，甜橙、酸橙、红橘、柠檬等较耐病。

【防治措施】种植无病苗木。选用枸头橙、酸橘和红橘等抗耐病砧木。发病树靠接耐病砧木对恢复树势有一定效果，但保留病树会增加病害扩大蔓延的机会。嫁接、修剪或采穗时，工具最好用漂白粉或次氯酸钠溶液消毒，防止机械传播。

第六章
脐橙园主要害虫及防治

一、柑橘木虱

同翅目木虱科害虫。

【危害症状】成虫产卵于嫩芽上，若虫吸食嫩梢、嫩叶汁液，造成叶片扭曲崎形，严重时，新芽枯萎。若虫分泌的白色蜜露黏附于枝叶上，容易诱发柑橘煤烟病。柑橘木虱最大危害在于它是柑橘黄龙病田间传播的唯一媒介。见图6-1。

图6-1　柑橘木虱危害状

【形态特征】卵似芒果形，橘黄色，上尖下钝圆，有卵柄。若虫共有5龄，刚孵化时虫体扁平，黄白色。2龄后，背部逐渐隆起，有翅芽露出。3龄后，虫体出现黄褐相间斑纹。各龄若虫腹部周缘分泌有短蜡丝，复眼浅红色。成虫灰青色且有灰褐色斑纹，被有白粉。前翅半透明，后翅无色透明。雌成虫孕卵期腹部橘红色，腹末端尖。栖息或取食时，头部下俯，腹端翘起45°。见图6-2。

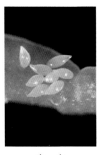  

虫卵　　　　　　　若虫　　　　　　　成虫

图6-2　柑橘木虱（陈慈相　提供）

【发生规律】柑橘木虱的年发生代数与柑橘抽发新梢次数密切相关，每代历期的长短与气温相关。赣南田间一年一般发生7～8代，世代重叠。成虫寿命长，传毒速度快、传毒率高。只产卵于嫩芽上，但产卵量大，每头500～1 000粒。田间虫口数量的消长与新梢抽生基本一致，每次新梢抽生都有一个发生高峰，夏梢、秋梢虫口密度较高。若虫和成虫在病树上吸食而携带病原菌后，病菌可在虫体内繁殖，终身带菌、传毒。冬季低温虽能明显抑制越冬成虫的存活，但越冬成虫抗低温的能力较强，常能忍受为时较短的－9℃低温。成虫飞翔能力不强，气流、台风、暴雨可助迁扩散蔓延。主要危害芸香科植物，以柑橘属受害最重。

【防治措施】把柑橘木虱列为果园第一危险性害虫进行重点防治，清除脐橙园周围的九里香、黄皮等中间寄主植物。保护生态隔离带或种植防护林，阻滞木虱在田间扩散。果园实行严格控梢和统一放梢，恶化食物链，减少产卵和繁殖场所，降低果园木虱世代数和种群数。抓住冬季、早春和各次新梢抽生期及时喷药防治，同时注意农药的交替使用。

常用药剂有吡虫啉、噻虫嗪、螺虫乙酯、吡丙醚、毒死蜱、阿维菌素、氯氰菊酯、噻虫胺、呋虫胺、吡蚜酮、三唑磷等，单剂农药"俩俩"组合防治效果更好。

二、柑橘小实蝇

双翅目实蝇科害虫。除危害柑橘外，危害芒果、番石榴、番荔枝、阳桃、枇杷等250多种水果，为国际植物检疫对象。

【危害症状】成虫产卵于近成熟果实的囊瓣和果皮之间，产卵处有针刺小孔和汁液溢出，逐渐产生乳突状灰色和红褐色斑点。幼虫常群集蛀食果瓣，危害严重时，易造成大量落果、减产，甚至绝收。见图6-3。

图6-3　柑橘小实蝇危害状（夏长秀　提供）

【形态特征】卵，梭形，乳白色。幼虫，蛆形，老熟时黄白色。蛹，围蛹，椭圆形，淡黄色。成虫全体深黑色和黄色相间，胸部背面大部分黑色，但有黄色"U"形斑纹，腹部黄色，第一、二节背面各有一条黑色横带，从第三节开始中央有一条黑色的纵带直抵腹端，构成一个T型黑色斑纹。翅透明，翅脉黄褐色，有三角形翅痣。见图6-4。

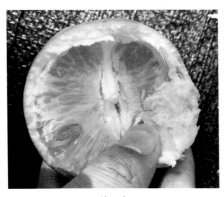
幼　虫

成　虫

图6-4　柑橘小实蝇成虫

【发生规律】成虫产卵于近成熟的果实，幼虫孵化后在果实中蛀食危害，老熟后从果实中弹出并入土化蛹，在土壤中羽化。一年发生3～4代，世代重叠。以蛹在土壤中越冬，羽化后开始危害，5月虫口基数开始增多，9～11月达到最高峰。宽皮柑橘比甜橙、甜柚危害重，多种类果树或多品种混栽的果园发生严重。

【防治措施】加强检疫，严防幼虫随果实传播。及时清除树上和落地虫果，集中烧毁或集中毒杀。用红糖+敌百虫或酵母蛋白+辛硫磷点喷树冠诱杀成虫，或在园中挂诱捕瓶诱杀雄虫。幼虫入土化蛹或成虫羽化盛期前，浅翻土壤后用辛硫磷、毒死蜱喷雾或撒施毒杀幼虫、蛹和刚羽化的成虫。

三、柑橘红蜘蛛

蜱螨目叶螨科害虫。

【危害症状】若螨、成螨以口针刺吸叶片、嫩梢及果皮汁液，受害叶片产生许多灰白色小斑点，失去光泽。严重时整叶灰白色，并引起落叶。果实受害后表面出现淡绿色或淡黄色斑点。见图6-5。

叶片被害症状 　　　果实被害症状（淡黄色斑点、无光泽）

图6-5　柑橘红蜘蛛危害症状

【形态特征】卵近圆球形，初为橘黄色，成熟后为淡红色，中央有一丝状卵柄，柄端有10～12条向四周辐射的细丝，可附着于叶片上。若螨与成螨相似，唯个体较小。雌成螨椭圆形，红色至暗红色，背面有13对瘤状小突起，每一突起上有一根白色长毛。雄成螨体略小而狭长，腹末端较尖，足较长。见图6-6。

图6-6　红蜘蛛成、若螨

【发生规律】一年发生数代，世代重叠，田间发生受温度、湿度、食料、天敌和人为因素等影响，12℃时虫口开始增加，12 ～ 26℃有利于红蜘蛛发生。温度20℃、相对湿度70%最适合红蜘蛛发育和繁殖，低于10℃或高于30℃虫口受到抑制。一年有两个发生高峰，多出现在春梢老熟的4 ～ 5月和秋梢老熟后的9 ～ 11月，7 ～ 8月高温、干旱季节虫口密度较低。

【防治措施】果园生草栽培或行间种植藿香蓟、三叶草、百喜草、大豆等天敌寄主植物，营造捕食螨、蓟马、草蛉等天敌繁育的良好生态环境。抓住冬季清园和危害高峰期前，即冬季或萌芽开花前每叶1 ～ 2头，4 ～ 6月和9 ～ 11月每叶3 ～ 4头时及时喷药防治。常用药剂有矿物油、石硫合剂、哒螨灵、哒螨酮、噻螨酮、四螨嗪、克螨特、三唑锡、双甲脒、单甲脒、乙螨唑等，但克螨特、三唑锡在嫩梢、幼果期慎用。

四、柑橘锈壁虱

蜱螨目瘿螨科害虫。

【危害症状】成、若螨群集以口针刺吸果面、叶片及嫩枝汁液，使被害叶、果的油胞破裂，溢出芳香油，经空气氧化后，使果皮或叶片变成污黑色。果实被害后，果皮粗糙，失去光泽，后变黑褐色，称为"锈皮果"，直接影响商品品质（图6-7）。叶片被害后，其背面出现黑褐色网状纹，严重时引起大量落叶。

【形态特征】卵圆球形，灰白色，半透明。若螨体灰白色至浅黄色，半透明。成虫楔形或胡萝卜形，黄色或橙色，

图6-7　柑橘锈壁虱危害果实症状

头小伸向前方，头部附近有足2对，背面和腹面有许多环纹。

【发生规律】成螨在腋芽、卷叶、僵叶或过冬果实的果梗处、萼片下越冬。春季日平均温度上升到15℃时，越冬成螨开始取食和产卵。春梢老熟后逐渐危害新梢，并聚集在叶背主脉两侧，5月上果危害，8～9月危害最重。温度在28℃以上、相对湿度60%～80%最适合柑橘锈壁虱发生。喜隐蔽，先从树冠下部和内部开始发生危害，然后转移到果面和外部叶片。多毛菌是锈壁虱田间最有效的抑制天敌，但对铜制杀菌剂敏感。

【防治措施】果园少用杀菌剂，尤其是尽量不使用多毛菌杀伤力强的铜制杀菌剂。当发现叶片或果实平均有2头虫或个别果实出现黑皮危害状时，立即喷药。常用药剂参照红蜘蛛防治。

五、柑橘潜叶蛾

鳞翅目叶潜蛾科害虫。

【危害症状】幼虫在柑橘嫩叶表皮下钻蛀危害，形成弯曲虫道。幼虫老熟时，大多蛀至叶片边缘，吐丝结茧化蛹，导致叶片边缘卷曲。有时也会蛀入嫩梢和果实表皮，潜叶蛾危害造成的伤口，易诱发柑橘溃疡病的发生。见图6-8。

潜叶蛾危害叶片症状　　　　　　潜叶蛾危害引发溃疡病发生

图6-8　柑橘潜叶蛾危害症状

【形态特征】卵扁圆形，白色，透明。老熟幼虫淡黄色，体扁平，椭圆形，足退化，腹部末端尖细，尾端有一对细长尾状物。蛹扁平，纺锤形，黄色至黄褐色。成虫体翅银白色，前翅尖叶形，基部有黑色纵纹2条，中部有"Y"字形黑纹，近端部有一明显黑点，后翅针叶形，缘毛极长。

【发生规律】一年发生10代左右，世代重叠，以蛹和老熟幼虫在被害叶片卷曲的边缘处越冬。4月下旬开始危害零星抽生的夏梢，6月虫口迅速增加，7～9月危害最重，10月以后随秋梢叶片老熟，发生危害逐渐减轻。成虫多在清晨羽化，产卵于嫩叶背面中脉附近，白天栖息在叶背及杂草中，夜晚活动，趋光性强。20～28℃最适幼虫生存和危害。

【防治措施】冬季结合修剪，剪除被害的枝梢，减少越冬虫量。通过抹芽控梢等措施促使抽梢整齐，减少发生代数和种群数量。当新梢大量抽发且梢长0.5～1厘米时，开始喷药防虫保梢，5～7天后喷第二次，视新生长情况7～10天后喷第三次，一般一次梢2～3次。常用药剂有氯虫苯甲酰胺、杀虫双、除虫脲、吡虫啉、甲氰菊酯、阿维菌素等。

六、柑橘介壳虫

同翅目害虫。较为常见的有矢尖蚧、糠片蚧。

【危害症状】以若、成虫群集在叶片、枝梢和果实上刺吸汁液危害。受害叶片、枝梢退绿发黄，严重时叶片卷缩、干枯，新梢停止生长、枝梢枯萎。受害果面布满虫壳、凹凸不平，且影响着色。虫体分泌的蜜露易诱发烟煤病，影响树势和产量。见图6-9。

【形态特征】

矢尖蚧：卵橙黄色，椭圆形。1龄若虫橙黄色，草鞋形，有触角和足；2龄若虫淡黄色，扁椭圆形，触角和足消失。蛹长形，橙黄色，末端交尾器显著突出于体外。雌蚧壳黄褐色，边缘灰白色，

矢尖蚧危害症状 2

糠片蚧危害症状

矢尖蚧危害症状 1

图 6-9 柑橘介壳虫危害症状

前端尖，后端宽，末端呈弧形，背部中央有一条隆起的纵脊，两侧有向前斜伸的横纹，似箭；雌虫体长形，橙黄色，胸部长，腹部短。雄蚧壳狭长，粉白色，棉絮状，背上有 3 条纵向隆起线，雄虫体橙黄色，翅 1 对。

糠片蚧：卵椭圆形，淡紫色。若虫初孵时体扁平，有足、触角和尾毛。雌若虫圆锥形，雄若虫长椭圆形，均为淡紫色。蛹淡紫色，略呈长方形，腹末有发达的交尾器。雌蚧壳形状和色泽似糠壳，不规则的椭圆形，灰褐色；雌成虫淡紫色，近圆形。雄蚧壳灰白色，狭长形；雄成虫淡紫色，有触角和翅各 1 对，足 3 对，腹末有针状交尾器。

【发生规律】

矢尖蚧：以受精雌成虫越冬，卵产于母体蚧壳下，数小时后即可孵化为若虫，初孵后经 1 ～ 2 小时的爬行后固定下来危害。雌若虫多分散危害，经3龄后直接变为雌成虫。雄若虫常群集于叶背危害。一年发生3～4代，世代重叠。第一代若虫蚧孵化高峰在4月下旬至5月上旬，较整齐。第二代多出现在7月中旬，第三代在9月上旬。

糠片蚧：以雌成虫或卵越冬，雌成虫有两性生殖和孤雌生殖两种方式。一年发生3～4代，世代重叠。各代若虫期分别为5～6月、7月下旬至8月中旬、8月下旬至10月中旬和11月。

【防治措施】合理修剪，改善树冠通风透光条件。保护利用寄生蜂、方头甲、草蛉、瓢虫等天敌。剪除危害严重枝组，树冠喷施松脂合剂或机油乳剂等彻底清园，压低越冬虫口基数。抓住幼蚧初孵盛期喷药防治，尤其是越冬后的第一代幼蚧的防治。常用药剂有机油乳剂、毒死蜱、噻嗪酮等。

七、柑橘粉虱

同翅目粉虱科害虫。

【危害症状】幼虫聚集在叶片背面、果实表面和嫩梢上危害，被害处形成黄斑，严重时引起枯梢、落叶、落果并诱发煤烟病，影响树势和果品质量（图6-10）。

图6-10　柑橘粉虱危害诱发煤烟病症状

【形态特征】卵椭圆形，黄色，有短柄附于叶片上。若虫扁平，椭圆形，淡黄色，虫体周围有小突起，并有白色放射状蜡丝。蛹椭圆形，淡黄绿色，羽化前出现明显的红褐色眼点。成虫黄色，有2对半透明翅，虫体及翅上均覆盖有蜡质白粉。复眼红褐色，分上下两部分，中间有1小眼连结。见图6-11。

图6-11　柑橘粉虱成虫

【发生规律】以若虫及蛹固定在叶背越冬，3月下旬至4月上旬开始羽化，羽化后成虫多集中在新梢叶背。卵也产于叶背，有孤雌生殖现象。一年发生4代，分别危害春、夏、秋梢及晚秋梢。第一代若虫孵化盛期为4月下旬，第二代6月下旬，第三代8月下旬，第四代9月下旬至次年4月上旬，树冠荫蔽果园发生较重。主要天敌为粉虱座壳孢菌和各种寄生蜂（图6-12）。

图6-12　粉虱座壳孢菌寄生状况

【防治措施】加强栽培管理，合理整形修剪，造就通风透光的树冠结构。果园尽量少用铜制剂和其他广谱性杀菌剂，保护利用天敌。抓住越冬代成虫和第一、二代若虫盛孵期喷药防治。常用药剂有矿物油、噻嗪酮、辛硫磷、吡虫啉、毒死蜱等。

八、柑橘卷叶蛾

鳞翅目卷叶蛾科害虫。

【危害症状】以幼虫危害花蕾、果实和叶片。危害叶片时，常吐丝将两片叶相连或4～5片叶缀合在一起，幼虫裹在其中取食。初孵幼虫多取食嫩叶表皮呈穿孔，后多在叶缘取食，呈穿孔或缺刻状（图6-13）。蛀食果实时常吐丝将叶片黏于蛀孔外，具有一定的隐蔽性，果实受害后基本脱落。危害柑橘的卷叶蛾主要有拟小黄卷叶蛾和褐带长卷叶蛾。

被害叶片呈穿孔、缺刻　　　　　　卷叶蛾危害幼果

图6-13　柑橘卷叶蛾危害症状

【形态特征】

拟小黄卷叶蛾：卵椭圆形，鳞鱼状排列。幼虫除第一龄头部黑色外，其余各龄皆为黄色。蛹黄褐色，纺锤形，第十腹节末端具8根

卷丝状钩刺。成虫体黄色，头部有灰褐色鳞毛，下唇须发达，向前伸出。雌虫前翅在顶角处有浓黑褐色近三角形的斑点。雄虫前翅后缘近基角处有宽阔的近方形黑纹，两翅闭合时成为六角形的斑点。

褐带长卷叶蛾：卵椭圆形，淡黄色，鳞鱼状排列。幼虫黄绿色。蛹黄褐色，腹部末端有8根钩刺。雌虫前翅黄褐色，基部有黑褐色斑纹，中部有斜行的宽深褐带。

【发生规律】以幼虫在叶间、卷叶、落叶或杂草中越冬，世代重叠。成虫有趋光性，卵多产于叶正面主脉附近，但排列不规则。第一代幼虫期主要危害花和幼果，以后各代主要危害叶片。幼虫受惊后吐丝下坠逃逸，老熟幼虫在卷叶中化蛹。

【防治措施】冬季清除带有越冬幼虫和蛹的枝叶。利用卷叶蛾成虫的趋光性，安装杀虫灯诱杀成虫。抓住各代幼虫盛孵期或成虫产卵期喷药防治。常用药剂有吡虫啉、除虫脲、阿维菌素、溴氰菊酯等。

九、柑橘花蕾蛆

双翅目瘿蚊科害虫，也是脐橙花蕾期的重要害虫。

【危害症状】幼虫在花蕾内取食危害，被害花蕾膨大、畸形、似灯笼状，花瓣多有绿点且脆。被害花蕾不能正常开花而脱落。见图6-14。

图6-14　柑橘花蕾蛆危害状

【形态特征】卵长椭圆形，无色透明。幼虫长纺锤形，乳白至橙黄色，前胸腹面有"Y"形褐色剑骨片。蛹黄褐色，外有黄褐色的半透明胶质茧壳。成虫体形像小蚊子，雌成虫黄褐色，被有细毛，翅上密生黑褐色细毛。雄成虫灰黄色，触角似哑铃状。

【发生规律】一年发生1代，以老熟幼虫在土壤中越冬。3月中旬化蛹，3～4月羽化出土，花蕾露白时成虫大量出现并产卵于花蕾内，幼虫在花蕾危害约10天后入土结茧。一般阴湿低洼脐橙园发生较严重，3～4月阴雨天气有利于成虫羽化出土。

【防治措施】及时摘除虫蕾，集中深埋或烧毁，减少虫源。冬季或早春浅耕松土，破坏越冬幼虫的生活环境，也可大量杀灭越冬幼虫。抓住成虫出土和幼虫入土期，在土面和树冠喷药防杀成虫、幼虫。常用药剂有辛硫磷、吡虫啉、毒死蜱、氯氰菊酯等。

十、柑橘蓟马

瘿翅目蓟马科害虫，只危害柑橘。

【危害症状】危害幼果果蒂四周，随着果实的生长，在果蒂周围留下一圈银白色或灰白色的环状疤痕。嫩叶受害后，叶片扭曲变形，叶肉增厚，叶片变硬，易碎、脱落，叶片主脉两侧出现银白色或灰白色条斑。见图6-15。

花柱危害症状　　　　　　　果实危害症状

图6-15　柑橘蓟马危害状

【形态特征】卵肾形。若虫共2龄，老熟若虫大小与成虫相近，椭圆形，无翅，琥珀色。成虫纺锤形，淡橙黄色，体表有细毛。头部刚毛较长，前翅有纵脉1条，翅上缨毛很细。

【发生规律】一年发生数代，世代重叠。以卵在秋梢新叶组织内越冬。次年3～4月越冬卵孵化，在嫩叶和幼果上取食。田间4～10月均可见，以谢花后至幼果直径4厘米以前危害最重。1龄若虫死亡率较高，2龄若虫是主要的危害虫态。若虫老熟后在土面或近土面树皮缝隙中化蛹，成虫较活跃，以晴天中午活动最盛。

【防治措施】冬季清除田间杂草，减少越冬虫源。保护利用捕食螨、蜘蛛、蜻类、塔六点蓟马等天敌。开花至幼果期中午检查树冠外围花和幼果萼片附近的蓟马虫口数量，若发现有5%～10%的花、幼果有虫或受害，需及时喷药防治。常用药剂有哒螨灵、吡虫啉、甲氰菊酯等。

十一、柑橘吸果夜蛾

鳞翅目夜蛾科害虫。除柑橘外，还危害梨、桃、葡萄、柿、枇杷等多种果树。危害柑橘的吸果夜蛾有20多种，主要有鸟嘴壶夜蛾、枯叶夜蛾、玫瑰巾夜蛾、小造桥夜蛾等。

【危害症状】幼虫食害叶片呈孔洞或缺刻。成虫吸食近成熟果实汁液，被害果实极易脱落和腐烂（图6-16）。

图6-16　柑橘吸果夜蛾危害果实症状

【形态特征】

鸟嘴壶夜蛾：卵球形，淡褐色，有红褐色斑纹。幼虫灰黑色，前端较尖，头部布满黄褐色斑点，头顶橘黄色。成虫头和前胸赤橙色，中、后胸赭色。前翅紫褐色，具线纹，翅尖钩形，外缘中部圆突，后缘中部呈圆弧形内凹，自翅尖斜向中部有两根并行的深褐色线，肾状纹明显。后翅淡褐色，缘毛淡褐色。

枯叶夜蛾：幼虫头红褐色，体褐色，第1、2腹节弯曲，第2、3腹节亚背面有一眼形斑，黑色并具月牙形白纹，外绕黄白色黑圈。成虫头胸部棕褐色，腹部杏黄色。前翅深棕略带微绿，顶角尖，外线弧形内斜，后缘中部内凹，从顶角至后线内凹处有一条黑褐色斜线，翅脉上有许多黑褐小点，翅基部及中央有暗绿色圆纹。后翅杏黄色，中部有一肾形黑斑。

玫瑰巾夜蛾：幼虫青褐色，有不规则斑纹，第1节腹背有黄白色小眼斑1对，第8节腹背有黑色小斑1对。蛹红褐色，被有紫灰色蜡粉。成虫体褐色，前翅褐色，翅中间有白色中带，两端有褐点，顶角处有从前缘向外斜伸的白线1条。后翅褐色，有白色中带。

小造桥夜蛾：幼虫头淡黄色，其他黄绿色。第1对腹足退化，第2对较短小，爬行时虫体中部拱起像尺蠖。成虫头胸部橘黄色，腹部背面黄褐色；前翅黄褐色，外缘中部向外突出呈角状，内半部淡黄色密布红褐色小点，外半部暗黄色。

【发生规律】成虫于果实近成熟期进园危害，天黑时逐渐增多，晚上8：00～9：00达到高峰，半夜后数量渐减，天亮即隐藏在附近杂草、灌木丛中。丘陵山区脐橙园发生多，特别是周边植被较好的脐橙园。幼虫也会在野生植物或其他栽培植物上危害，多数吸果夜蛾对光和芳香味有趋性。

【防治措施】同园不种植不同成熟期的柑橘品种或其他果树。安装杀虫灯诱杀成虫，或进行套袋栽培。及时收集腐烂果实，集中销毁。也可在危害盛期树冠喷施菊酯类农药。

十二、橘实雷蝇蚊

双翅目瘿蚊科害虫。

【危害症状】成虫多产卵于果蒂或果实背光处白皮层内，初孵幼虫蛀食白皮层，被害处果皮可见浅黄色小针眼点。随着幼虫虫龄增大，危害程度加重，受害处果面由浅黄色变成黄褐色或黑色，后期果表面可见蛀孔，并有胶状物质溢出，蛀道褐色并有红色粉末。幼虫也会蛀食中心柱，但不蛀食果肉（图6-17）。

图6-17　橘实雷蝇蚊危害状

【形态特征】卵长椭圆形，白色半透明。幼虫共4龄，一龄白色，2龄浅红色，3龄红色，4龄深红色，头部极细小。老熟幼虫体扁纺锤形，中胸腹板有"Y"状剑骨片——弹跳器官，善弹跳（图6-18）。蛹为裸蛹，外被褐黄色丝茧，体红褐色，近羽化时呈黑褐色。雌成虫中胸发达，身体密被细毛，腹部褐红色，产卵管外露。雌雄成虫前翅膜质，被黄褐色细毛，纵脉3条，后翅退化成平衡棒。

图6-18　橘实雷蝇蚊老熟幼虫及危害状

【发生规律】以蛹或老熟幼虫在土壤中越冬，越冬代羽化较为整齐。一年发生4代，世代重叠。4月下旬至5月上旬羽化出土，5月下旬至6月上旬始见虫果，7月上旬至8月中旬为幼虫危害高峰期，直至采果前仍有幼虫危害。

【防治措施】冬季或早春结合施基肥进行中耕松土，杀灭越冬幼虫和蛹，降低越冬基数。及时摘除树上虫果和捡拾地面虫果，集中烧毁，减少再次危害。抓住各代成虫羽化出土高峰期前进行土面用药和树冠喷药。土面用药可选用辛硫磷、米乐尔等颗粒剂，按1：30比例拌细沙撒施。树冠喷药可选用辛硫磷、敌敌畏、敌百虫、毒死蜱等。

十三、天牛

鞘翅目天牛科昆虫。危害柑橘的主要有星天牛、褐天牛和橘光盾绿天牛3种。

【危害症状】星天牛以幼虫蛀食离地50厘米以内的根颈和主根的皮层，切断养分和水分输送，树冠对应方位枝、叶黄化，若根颈一圈被害则可能造成整棵树枯死(图6-19)。

褐天牛幼虫通常在离地30厘米以上的树干中危害，蛀害主干和主枝，造成树干内蛀道纵横，影响营养物质的运输（图6-20）。

图6-19　星天牛危害状

图6-20　褐天牛危害状

橘光盾绿天牛主要危害枝梢，初孵幼虫先蛀害小枝，先向梢端蛀食，被害小枝干枯枯死，然后向下逐渐蛀入大枝。枝条中幼虫蛀道每隔一定距离向外蛀一洞孔，似箫孔状。洞孔的大小与数目则随幼虫的成长而渐增。在最后一个洞孔下方不远处为幼虫潜居处所（图6-21）。

图6-21 橘光盾绿天牛危害状

【形态特征】

星天牛：卵长椭圆形，黄白色。幼虫乳白色至淡黄色，头部褐色，体被稀疏褐色细毛，前胸背板前半部有两个黄褐色飞鸟形花纹。后半部则有一块黄褐色稍隆起的"凸"字斑纹。成虫体漆黑色具光泽，鞘翅表面散布许多白色斑点。见图6-22。

图6-22 星天牛成虫

褐天牛：卵椭圆形，初为乳白色，孵化前呈灰褐色。老熟幼虫乳白色，扁圆筒形，头的宽度约等于前胸背板的2/3，口器除上唇为淡黄色外，其余为黑色。成虫初羽化时为褐色，后变为黑褐色，有光泽，被灰黄色短绒毛。头顶至额中央有一深沟。前胸背板除前后两端各具一、二条横脊外，其余呈脑状皱纹，两侧刺突尖锐。鞘翅刻点细密，肩角隆起。见图6-23。

图6-23 褐天牛成虫

橘光盾绿天牛：卵黄绿色，长扁圆形。幼虫淡黄色，前胸背板中央横列4个褐色斑纹。成虫虫体墨绿色，头部、鞘翅、触角的柄节和足的腿节上均布满细密的刻点。见图6-24。

图6-24　橘光盾绿天牛

【发生规律】

星天牛：一年发生1代，以幼虫在树干基部或主根木质部越冬，翌年春季，幼虫在虫道内化蛹，4月下旬至5月上旬开始羽化，5～8月为产卵盛期。卵多产于树干近地面部位，初孵幼虫危害皮层时有白色泡沫冒出。

褐天牛：2～3年发生1代，幼虫期长达15～20个月，以幼虫和成虫在树干内越冬，4月下旬至8月中旬脐橙园中均能发现成虫，6月前后为盛发期。卵多产于离地30厘米以上的主干或主枝表皮的裂缝或伤疤内，初孵幼虫蛀食树皮，后蛀入木质部。

橘光盾绿天牛：一年发生1代，以幼虫在蛀道内越冬。4月中旬至5月初开始羽化，5～6月为盛发期。成虫产卵于嫩枝或嫩枝与叶柄的分叉处，初孵幼虫蛀入嫩枝，然后往下蛀至主枝、主干。5～6月为危害高峰期。

【防治措施】成虫盛发期，人工捕捉成虫。树干涂白或喷药杀成虫和阻滞成虫产卵。勤观察，发现有新鲜虫粪的虫孔，清除虫粪后，用脱脂棉吸取敌敌畏、辛硫磷等药液，塞入虫孔内，再用黄泥封口，毒杀幼虫。及时剪除被橘光盾绿天牛幼虫危害的虫蛀枝。

十四、蚜虫

同翅目蚜科害虫。危害柑橘的蚜虫主要有橘蚜、橘二叉蚜。

【危害症状】以成蚜和若蚜群聚在柑橘嫩梢、嫩叶、花蕾和花上吸汁危害，被害叶多皱缩卷曲，新梢枯萎，幼果和花蕾脱落，并诱发煤烟病。见图6-25。

图6-25　蚜虫危害症状

【形态特征】

橘蚜：卵椭圆形，初为淡黄色，后为黑色，有光泽。若虫体褐色，复眼红黑色。无翅胎生雌蚜全体漆黑色，复眼红褐色；有翅胎生雌蚜与无翅型相似，翅2对，白色透明，前翅中脉分三叉，翅痣淡褐色。无翅雄蚜与雌蚜相似，全体深褐色，后足特别粗大。见图6-26。

图6-26　橘蚜（成虫、若虫）

橘二叉蚜：卵长椭圆形，黑色有光泽。若虫与无翅胎生雌蚜相似，体较小，淡黄色或棕色。有翅胎生雌蚜体黑褐色，具光泽，前翅中脉仅一分支，腹背两侧各有4个黑斑。无翅胎生雌蚜暗褐至黑褐色，胸腹部背面具网纹，足暗淡黄色。

【发生规律】以卵在枝条上越冬，寄主多，发生代数也多。危害盛期一般为5月下旬至6月的夏梢期和8～9月的秋梢期。蚜虫在田间以胎生为主，繁殖快。在条件适宜时，可产生大量有翅胎生雌蚜，迁飞到其他植株，产生无翅胎生蚜。无翅胎生雌蚜的胎生能力强，故春、夏之交和秋季数量最多，危害严重。

【防治措施】剪除被害枝及有卵枝，抹除抽发不整齐的嫩梢。保护瓢虫、草蛉、食蚜蝇、寄生蜂等天敌。当新梢有蚜率达25%时及时喷药防治。常用药剂有抗蚜威、吡虫啉、菊酯类农药。

十五、象甲

鞘翅目象甲科昆虫的简称，又称象鼻虫。种类较多，危害柑橘的主要有绒绿象甲、橘泥翅象甲、橘斜青象甲等。

【危害症状】以成虫取食叶片、花和幼果，叶片受害后呈网孔状或缺刻状（图6-27）。

图6-27　象甲成虫及危害状

【形态特征】成虫多数触角长，头和喙向前延长，形似象鼻，褐色或灰色，体表多被鳞片。幼虫多为白色，肉质，身体弯成"C"字形。

【发生规律】一年发生1～2代，以幼虫在土壤中越冬。成虫危害盛期多为4～6月和7～8月，行走缓慢，假死性强，往往雌雄成对出现，新开发的幼龄果园发生较重。

【防治措施】成虫盛发期，在园内堆放新鲜青草，诱集成虫，然后杀灭。危害盛期树冠喷药防治，并对危害重的单株或区域进行土面喷药，杀死落地或隐藏在覆盖物中的成虫。常用药剂有辛硫磷、晶体敌百虫、溴氰菊酯。

一、防治措施

植物检疫：加强检疫性病虫害疫情的监测与检疫，不从疫区调运苗木、接穗、果实，严格控制检疫性病虫害的传入和传播，一经发现立即销毁，保护产业安全。

农业防治：合理规划园地，搞好果园道路、灌溉和排水基础设施建设，营造防护林或隔离林带。因地制宜，选用丰产、优质、抗病虫能力较强的品种和砧木。增施有机肥，适时中耕松土，合理修剪，培植强壮树体，提高树体自身的抗病虫能力。根据植物的种间生态关系，在园内合理间种其他作物，恢复区域内生物多样性，创造有利于自然天敌繁衍生长的条件，增加天敌的种群和数量。适时剪除病虫枝、叶和枯枝，清扫田间落叶、落果、杂草，集中烧毁，最大限度地清除园内可能供病虫越冬的场所，降低病虫越冬基数。

物理防治：园内安装杀虫灯，利用一些害虫的趋光性，进行灯光诱杀（图7-1）。

制作糖、酒、醋液诱杀剂，利用卷叶蛾、吸果夜蛾等害虫对糖、酒、醋液的趋性，进行诱杀。果园安装黄板，诱杀蚜虫、粉虱、蓟马等对色彩有趋性的害虫（图7-2）。

图7-1　安装杀虫灯

图7-2　挂黄板

　　在田间使用昆虫信息素，诱杀或干扰蛾类、实蝇类害虫成虫交配繁殖（图7-3）。

图7-3　挂引诱瓶

　　人工捕捉或果园放养鸡、鸭，捕杀天牛、蚱蝉、金龟子等害虫（图7-4）。

图7-4　果园养鸡

　　选用抗风雨淋、透气性好的专用果袋进行套袋栽培，可避免实蝇类、吸果夜蛾类等害虫危害果实（图7-5）。

图7-5　果实套袋

生物防治：改善果园生态环境，增加脐橙园内的天敌种群和数量。释放捕食性和寄生性天敌，如捕食螨、草蛉、瓢虫、赤眼蜂等，有效控制病虫的发生（图7-6）。

化学防治：加强脐橙园病虫害测报，掌握发生动态，达到防治指标时，根据环境条件和物候期，适时对症使用化学农药防治。在化学农药防治中，严格控制安全间隔期、施药量和施药次数，注意不同作用机理的农药交替使用和合理混用，避免产生抗药性。优先选用生物源、植物源和矿物源农药，禁止使用高毒、高残留农药。

图7-6　脐橙园释放捕食螨

二、防治重点时期

冬季清园（休眠期）：剪除树冠上病、虫危害严重的枝梢和枯枝，彻底清除地面枯枝落叶，集中烧毁。树冠喷施80～100倍机油乳剂+1 000倍炔螨特+杀虫剂+杀菌剂，杀灭越冬病虫，降低病虫越冬基数。按每亩100～150千克（酸性土）的标准，撒施生石灰后全园中耕一次。来年开春萌芽前，树冠喷施100倍等量式或半量式波尔多液（图7-7a）。

春梢叶片转绿期（花蕾期）：温、湿度适宜，营养充足，是上半年柑橘红蜘蛛、溃疡病可能出现的危害高峰期。以防治柑橘红蜘蛛、溃疡病为重点，兼治柑橘炭疽病、蚜虫、粉虱、木虱等。防治药剂可选用矿物油、阿维菌素、毒死蜱、叶枯唑等。果园挂杀虫灯，诱杀趋光性害虫（图7-7b）。

幼果生长期（5月至6月上中旬）：以防治柑橘粉虱、第一代介壳虫和柑橘溃疡病危害幼果为重点，兼治柑橘炭疽病、柑橘木虱。药剂可选用阿维菌素、啶虫脒、吡虫啉、噻虫嗪、噻霉酮、代森锰锌等。田间人工捕杀天牛成虫和钩杀天牛幼虫，及时剪除黑蚱蝉产卵危害造成的枯枝，带出果园，集中烧毁（图7-7c）。

晚夏梢抽生期（6月下旬至7月上旬）：晚夏梢萌发抽生0.5 ~ 1.0厘米时，以防治柑橘潜叶蛾、柑橘木虱、柑橘溃疡病为重点，兼治柑橘红蜘蛛，树冠喷药第1次，5 ~ 7天后喷第2次，再7 ~ 10天后喷第3次。药剂可选用矿物油、阿维菌素、菊酯类、中生菌素等（图7-7d）。

秋梢抽生期（8 ~ 9月）：秋梢萌发抽生0.5 ~ 1.0厘米时，以防治柑橘潜叶蛾、柑橘木虱、柑橘溃疡病为重点，兼治柑橘红蜘蛛、柑橘炭疽病等，树冠喷药第1次，5 ~ 7天后喷第2次，再7 ~ 10天后喷第3次。药剂可选用矿物油、阿维菌素、菊酯类、噻唑锌等（图7-7e）。

果实成熟期（10 ~ 11月）：根据柑橘红蜘蛛、炭疽病等病虫发生情况，适时喷药防治。药剂可选用机油乳剂、阿维菌素、代森锰锌等（图7-7f）。

a.柑橘休眠期

b.柑橘花蕾期

c.柑橘幼果生长期   d.柑橘晚夏梢抽生期

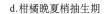

e.柑橘秋梢抽生期   f.果实成熟期

图7-7　柑橘病虫害重点防治时期

第八章
果实的采收与简易贮藏保鲜

一、果实成熟

　　脐橙果实采收的成熟度指标，通常以果皮色泽、可溶性固形物含量以及固酸比值以及用途、市场要求等因素确定。鲜销果应在果实充分成熟、表现出本品种固有的品质特征时采收，贮藏用果实可适当早采，采收过迟可能因果实已开始进入衰老阶段，抗病性和耐贮性下降，贮运期间容易发生病变和腐烂，而影响贮藏效果和效益。见图8-1、图8-2。

图8-1　近成熟果实

图8-2　成熟果实

二、采收前的准备

为了保证采收工作顺利进行，采果前应制定好采果计划，准备好人力和采果所需的工具，如采果剪、手套、采果袋、采果筐、周转筐、运输工具、包装材料等，使采收工作有条不紊（图8-3）。

a.采果剪和手套

b.采果篮　　　　　　　　　　　　　　　　　c.周转筐

图8-3　采收工具的准备

三、精细采收

果实采收应遵循由下而上、由外到内的原则，先从树的最低和最外围的果实开始，逐渐向上和向内采摘（图8-4）。

图8-4　精细采收

采摘时，一手托果，一手持采果剪，严禁强拉硬扯。为保证采收质量，通常采用"一果两剪"法，即第一步带果梗剪下果实，第二步齐果蒂剪平（图8-5）。

a.带结果枝下剪　　　　b.齐果蒂剪平　　　　c.果蒂平滑

图8-5　"一果两剪"法

采摘过程中，应尽量做到轻拿轻放。果筐、车辆装载适度，不能太满，轻装轻卸，防止挤伤、压伤和碰伤果实（图8-6）。

图8-6　果实周转

四、库房准备

脐橙果实简易通风贮藏，可建设专用的通风贮藏库（图8-7），普通闲置住房也可。最好是东西走向，南边有树木蔽日，北边比较空旷，窗户南北方向对开。

图8-7　简易通风贮藏库

果实入库之前，将房屋彻底打扫干净，紧闭门窗，对库房进行彻底消毒（图8-8）。砖混结构或土坯房，可用硫黄燃烧熏蒸消毒，其他可对屋内所有墙面、地面、屋顶喷40%甲醛40倍液消毒。48小时后即可开门、开窗通风，3～5天后果实可入库贮。

图8-8　库房清扫、消毒

五、防腐保鲜

采下的果实，剔除病虫严重危害和损伤果之后，24小时内必须进行防腐保鲜处理。

将装有果实的果筐放入配有防腐保鲜药液的浸药池内，浸泡果实3～5秒（图8-9）。浸泡过程中可用湿毛巾轻轻擦拭果面，将果面污染物擦去。然后将果筐提起，等药液滴干后入库预贮。

常用的防腐保鲜剂有2，4-D+硫菌灵或多菌灵，或选用专用保

图8-9　防腐保鲜

鲜剂。2，4-D的使用浓度为200～250毫克/千克，硫菌灵和多菌灵为800～1 000倍液。专用保鲜剂参照使用说明（图8-10）。

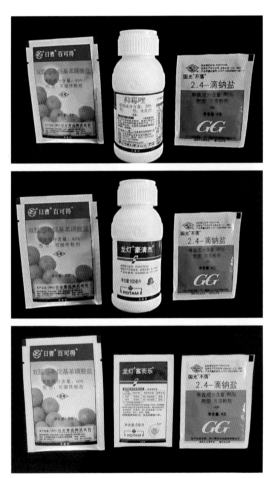

图8-10　常用保鲜剂组合

六、"发汗"预贮和单果套袋

经防腐保鲜处理的果实入库后，应将库房所有门、窗打开，通风预贮3～5天，俗称果实"发汗"（图8-11）。主要是使受轻微机械损伤的细胞半木栓化而愈合，阻止病菌侵入，延缓果实衰老；降低果实的温度，减弱呼吸强度和蒸腾作用；果皮适度失水，气孔收缩，削弱果皮的生理活性，降低呼吸速率、减少呼吸消耗。

图8-11　果实发汗预贮

　　"发汗"预贮后的果实，剔除严重损伤果后，用半透塑料保鲜袋单果套袋（图8-12），然后装箱入库。

图8-12　单果套袋

七、果品入库

采用果筐装箱贮藏的果实，果筐内不宜装得太满，顺窗户对开方向堆码，四边不靠墙，最少留50厘米空隙，中间留有通道，便于通风换气和检查仓库。堆码也不要过高，如25千克装的果筐以5～6层较为适宜（图8-13）。

图8-13　果品入库

采用散装堆放贮藏的，地面先铺垫一层稻草，稻草上铺吸水性较好的无纺布后堆放果实。果实应按"非"字型堆放，除与进门方向留下主通道外，顺窗户对开方向也要留下小通道，方便检查通行。果堆高度控制在50厘米左右，最多不能超过70厘米，避免底部果实因受压过重而损伤。还应在果堆中间适当的位置反扣若干个果筐，便于通气。

八、库房管理

简易通风贮藏是利用外界冷空气和库内热空气的对流与昼夜温差，通过人工关、启门窗和排气扇，以保持库内最佳的温、湿度条件，从而达到良好的贮藏效果。因此，控温是一项重要的工作，要尽可能保持库内较低而稳定的温度。

贮藏初期。即果实进入库房后的前10～15天，应尽快排除果实的"田间热"和水气，库房内以降温排湿为主。除雨天、重雾天气关闭门、窗外，每天必须打开窗户和排气扇通风换气，同时勤检查勤翻果，尽早捡除伤果和腐烂果。

贮藏中期。即12月至农历春节期间，外界气温较低，应注意库内保温，一般要关闭门窗和排气扇，不通风换气。

贮藏后期，即开春后，室内温度随外界气温的回升而增高，且白天和晚上温度变化较大，应引入冷空气加以调节，做到日落开窗，把晚上较低温度的冷空气引入库房内。日出关窗，不能让白天温度较高的热空气进入库房内，这样就能尽量保持库房内较低且较稳定的温度。同时还要及时捡除干疤果、烂果。

第九章
脐橙园冻害及防御

一、脐橙园冻害的类型

脐橙是甜橙类中相对较早成熟的品种，如果采摘适时则早休眠，所以是甜橙类中比较耐低温的品种。尽管如此，在各脐橙产区，冻害还是普遍发生。

冻害的发生有植物学和气象学两方面的原因，植物学因素是内因，气象学因素是外因。在植物学因素相同的条件下，气象因素起决定性作用；在气象学因素相同的条件下，植物学因素起决定性作用。

江南丘陵脐橙产区冻害发生的种类主要是辐射降温引起的霜冻灾害和雨雪天气引起的冰冻灾害，以霜冻灾害为主（图9-1）。

a. 霜 冻

b.冰　冻

图9-1　冻害类型

二、冻害防御应急措施

针对不同的冻害类型，所采取的防御措施有所不同。为防止脐橙植株根颈部受冻，尤其是幼树，通常可采用树干刷白、包扎树干、树蔸壅土等，防止主干受冻（图9-2）。

树干刷白

树蔸壅土（邓子牛 提供）　　　包扎树干（邓子牛 提供）

图9-2　幼树防冻措施

霜冻来临之前及时灌水，提高土壤热容量，避免干旱加重冻害，同时用遮阳网、无纺布等覆盖树冠，避免枝叶直接受到伤害。霜冻天的夜晚，脐橙园点燃火土堆，熏烟造云，防止果园辐射散热。见图9-3。

树下微喷（邓子牛 提供）　　　　　　熏烟造云防霜冻

树冠覆膜

图9-3　霜冻来临前防冻措施

冰冻灾害主要是由于枝、叶结冰，树体负荷过重造成的机械损伤。因此，最有效的防御措施是用支架支撑树冠，减轻负重，防止树冠压塌，拉裂骨干枝，类似为减轻果实负重而支撑树冠一样的做法（图9-4）。

图9-4　支撑树冠减轻冻害机械损伤

三、脐橙园冻害后的管理

脐橙果树受冻后恢复的快慢，取决于两个因素。一是冻害程度；二是冻后采取的恢复措施是否及时、恰当。脐橙受冻，由于地上部分器官（叶片、枝条）遭受到破坏，使其根系、枝干的生理活动减弱，地上部与地下部失调。同时由于落叶枝干外露，抗性也大为减弱。冻后的管理首先要促使地下部根系活动，帮助地上部的恢复，进而由叶片制造的养分促发新根，营造以根养叶、以叶保根的良性循环。

冻后（特别是干冻后），根和树体更需水，应及时灌水减轻冻害。解冻后，立即进行树盘松土，保持地热，提高土温，利于根系恢复。天气回暖之后勤施薄施，促进树体尽快恢复。新梢叶片展开后，应及时用0.2%～0.3%尿素+0.2%磷酸二氢钾混合液，或其他营养液进行数次根外追肥，促进树体恢复。

生死界线分明后，立即对树冠进行整理修剪（图9-5）。

图9-5　冻害后整理修剪

冻害严重的，应注意主枝的选留和培养（图9-6）。

图9-6　主干选留和培养

较大伤口，应涂刷保护剂，以减少水分蒸发。裸露的枝干，在夏季应进行涂白，以防严重的日灼造成树枝树干裂皮。

　　冻后的脐橙园易遭受柑橘树脂病、炭疽病危害，要加强防治（图9-7）。还应注意加强金龟子、凤蝶、象鼻虫等食叶性害虫的防治。

图9-7　冻害后管理

图书在版编目（CIP）数据

图说脐橙优质高效栽培技术/赖晓桦主编． —北京：
中国农业出版社，2019.12（2023.4重印）
ISBN 978-7-109-25888-4

Ⅰ．①图… Ⅱ．①赖… Ⅲ．①橙-果树园艺-图解
Ⅳ．①S666.4-64

中国版本图书馆CIP数据核字（2019）第192879号

———————————————————————

中国农业出版社出版
地址：北京市朝阳区麦子店街18号楼
邮编：100125
责任编辑：郭银巧　张　利
版式设计：杜　然　责任校对：沙凯霖
印刷：北京通州皇家印刷厂
版次：2019年12月第1版
印次：2023年4月北京第5次印刷
发行：新华书店北京发行所
开本：787mm×1092mm　1/32
印张：4
字数：105千字
定价：35.00元